Etienne Glahn

Sonderwirtschaftszonen in China

GRIN Verlag

Bibliografische Information der Deutschen Nationalbibliothek:

Die Deutsche Bibliothek verzeichnet diese Publikation in der Deutschen National-
bibliografie; detaillierte bibliografische Daten sind im Internet über http://dnb.d-
nb.de/ abrufbar.

Impressum:

Copyright © 2011 GRIN Verlag GmbH
Druck und Bindung: Books on Demand GmbH, Norderstedt Germany
ISBN: 978-3-640-93617-5

Dieses Buch bei GRIN:

http://www.grin.com/de/e-book/173461/sonderwirtschaftszonen-in-china

Gymnasium Essen-Werden

Stufe 12
Schuljahr 2010/2011

FACHARBEIT
im GK Erdkunde

Sonderwirtschaftszonen in China

Verfasser: Etienne Glahn

Bearbeitungszeit: 9 Wochen
Abgabetermin: 08.04.2011

CHINA

Sonderwirtschaftszonen - Erdkunde

Etienne Glahn

2011

Inhaltsverzeichnis

Vorwort

China ist seit jeher für mich ein wichtigen Teil meines Lebens, da meine Mutter aus diesem Land stammt. Die Heimatstadt des chinesischen Teils meiner Familie ist die Nachbarstadt von Peking, Tianjin. Seit ich 1999 erstmals China besuchte, hat sich mein Verhältnis zu diesem Land grundlegend verändert. Während der ersten Reisen nach China betrachtete ich dieses Land in erster Linie als Urlaubsland, wenn auch mit besonderem Bezug durch meine Mutter. Später jedoch begriff ich die vollkommen fremde und hoch interessante Kultur. Das Jahr 2008 stellte eine Wendung in dieser Beziehung dar. Auf der Rückreise nach Deutschland hatte ich erstmals Sehnsüchte und mir wurde bewusst, dass ich in diesem Land eine zweite Heimat gefunden hatte.

Als ich erfuhr, dass eine Facharbeit anzufertigen sei und das Thema frei wählbar ist, wollte ich eben diesen kulturellen Hintergrund in meine Arbeit mit einbringen. Das Fach Erdkunde bot mir die Möglichkeit aus einer Fülle an Themen auszuwählen. Schlussendlich entschied ich mich die Sonderwirtschaftszonen und insbesondere die Stadt Shenzhen zu thematisieren.

1. China im 21. Jahrhundert

Wenn wir heute an die Volksrepublik China denken, sehen wir eine aufstrebende Wirtschaft, funkelnde Skylines und zielstrebige Menschen, die viel erreichen wollen. Wir sehen aber auch ein Land mit vielen Problemen, wie der Landflucht, das - in letzter Zeit verbesserte - Umweltproblem und die Unterdrückung von Demokratiebewegungen.

Der heutige Reichtum in China fußt jedoch nicht auf Inaktivität. Er ist aufgebaut auf den Reformen von Deng Xiaoping(* 22. August 1904;† 19. Februar 1997), die er nach dem Tod von Mao (* 26. Dezember 1893; † 9. September 1976) als die „Vier Modernisierungen" förderte und ihre Integration in die neue Verfassung der VR China vorantrieb. Dieses wirtschaftliche Reformprogramm betrifft die „Modernisierungen der Industrie, der Landwirtschaft, der Verteidigung sowie der Wissenschaft und Technik".[1] Seine „Drei Schritte Theorie" diente als ein Leitfaden, der die Entwicklung des Bruttoinlandsproduktes pro Kopf betraf (siehe Anhang).

1.1 EIN LANGER WEG

In den vergangen 30 Jahren hat China einen enormen wirtschaftlichen Aufschwung erlebt. Heute ist es die viert größte Volkswirtschaft der Welt und das einzige sozialistische Land mit einer Marktwirtschaft.

Während die westlichen Industriestaaten mit niedrigen Wachstumsraten zu kämpfen haben, wächst das Bruttoinlandsprodukt im Reich der Mitte seit Jahren in zweistelligen Raten. Die Chinesen haben aus ihren Fehlern gelernt. Der von Mao Ze Dong 1958 ausgerufenen "Große Sprung nach vorn" hat China an den Abgrund getrieben. Mao hatte das Land und die Produktionsgüter radikal kollektiviert. Stahl wurde in primitiven Verfahren von Hand hergestellt und war von minderer Qualität. Die Industrieproduktion wurde ohne Rücksicht auf die Nachfrage vorangetrieben. Auch die Landwirtschaft wurde in Volkskommunen organisiert. Die Massenmobilisierung war radikal und wurde mit militärischem Drill durchgesetzt. Doch das große Experiment schlug fehl. In drei bitteren

---

[1] http://de.wikipedia.org/wiki/Vier_Modernisierungen 06.04 15:40

Jahren von 1958 bis 1961 verhungerten 20 bis 30 Millionen Chinesen. Nach der Kulturrevolution am Ende der 1970er Jahre, lag die Wirtschaft am Boden.

"Nach den Steinen tastend den Fluss überqueren"

Dieser Leitspruch diente dem Reformer Deng Xiaoping, um das Land auf einen Modernisierungskurs zu führen.

Seine Reform beschränkte sich zunächst nur auf die Landwirtschaft. Grund und Boden wurden entkollektiviert. Bauern durften überschüssige Produkte auf dem Markt verkaufen.

Ab 1984 wurden die Reformen auch auf die Industrie übertragen. Gegner seiner Reform konnte er 1992 mit einer symbolträchtigen "Reise in den Süden" besänftigen. Immer weiter zog sich der Staat aus der Wirtschaft zurück. Schritt für Schritt entstand auf diese Weise ein Sozialismus chinesischer Prägung. Die Reformpolitik lockte ausländische Investoren an, die in China große Chancen witterten.

Anfang der 1990er Jahre nahm der Umfang von ausländischen Direktinvestitionen schlagartig zu. Der Westen hatte China entdeckt.

Doch der Aufstieg hatte auch Schattenseiten. So profitierten hauptsächlich die Küstenregionen von der neuen Politik. Die ländlichen Regionen wurden weitestgehend vernachlässigt. Resultat war Unzufriedenheit, daraus folgende Landflucht sowie schlechte Infrastruktur und mangelhaftes Bildungswesen.[2]

---

2 http://www.faz.net/s/RubA1C5F597E6D64A419DBA86E14D99D0D3/Doc~E36EF9FD30D1A4125A1D4D329863A4E65~ATpl~Ecommon~SMed.html
20.03, 22:40

2. Die Sonderwirtschaftszone

Die Sonderwirtschaftszone kann als „abgegrenztes, meist physisch gesichertes Gebiet innerhalb des Wirtschaftsraumes eines Staates, für das zoll-, steuer- und andere rechtliche Sonderbestimmungen"[3] gelten, beschrieben werden.

Das Ziel der Einrichtung einer Sonderwirtschaftszone ist meist die Kultivierung eines Gebietes, das sich nach Meinung der Initiatoren dazu eignet, die in- und ausländischen Investitionen zu steigern und neue Arbeitsplätze zu schaffen.[4]

Wie bereits gesagt, war die Wirtschaft Chinas am Ende der Herrschaft von Mao am Boden und musste mit Reformen von Deng wieder aufgebaut werden. Dazu zählt die Entscheidung, in den Provinzen Guangdong und Fujian Sonderwirtschaftszonen zu gründen. Die grundsätzlichen Ziele der chinesischen Regierung waren:

I. Die Nutzung ausländischen Kapital- und Technologiezuflusses zur Verbesserung der Produktion und gleichzeitigen Integration in die Weltwirtschaft.

II. Schaffung von kontrollierbaren und überschaubaren Wirtschaftsgebiete, die unter der Verwaltung des Staates stehen[5]

2.1 SHENZHEN - BEISPIEL EINER SWZ IN CHINA

Die Millionenmetropole Shenzhen liegt in der Provinz Guangdong im Südosten Chinas. Die Stadt stand lange Zeit im Schatten von Hong Kong. Während Hong Kong bereits nach dem zweiten Weltkrieg eine Öffnungspolitik verfolgte, lebten in dem kleinen Dorf Shenzhen bis in die 1980er Jahre gerade einmal 20'000 bis 30'000 Menschen.

In den letzten 30 Jahren hat sich dieses kleine Dorf zu der Stadt mit dem höchsten Pro-Kopf Einkommen in China hinter Hong Kong entwickelt.[6]

---

3 http://wirtschaftslexikon.gabler.de/Definition/sonderwirtschaftszone.html?referenceKeywordName=freie+Produktionszone 23.03, 16:50

4 vgl. http://www.uni-protokolle.de/Lexikon/Sonderwirtschaftszone.html 23.03 16:20

5 vgl. Schryen: 1992 S.80

6 http://www.china-bridge.org/shenzhen.htm 30.03, 19:30

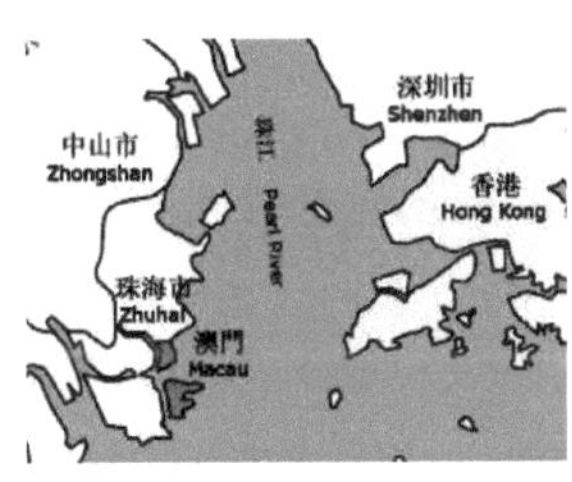

links: Guangdong in China
rechts: Perlfluss-Delta

2.1.1 WIESO SHENZHEN?

China ist ein großes Land und die Regierung hätte jede Stadt zur Errichtung einer Sonderwirtschaftszone heranziehen können. Shenzhen musste also Vorteile haben, die andere Städte nicht aufweisen konnten.

Der ausschlaggebende Punkt ist die Lage. Gelegen am Perlfluss-Delta und angrenzend an die ehemals englische Kronkolonie Hong Kong hatte der Ort Shenzhen die besten Standortfaktoren in der Region um als erste Sonderwirtschaftszone in China einen Anfang zu wagen.

Deng Xiaoping quittierte die Entscheidung der Regierung mit folgenden Worten:

„Lasst den Westwind herein. Reichtum ist ruhmvoll"

Die Stadt Hong Kong war als Sprungbrett in die westliche Welt gedacht. Da die beiden Städte nur durch einen Fluss getrennt sind, konnten ausländische Investoren leicht nach Shenzhen gelockt werden. Viele Subventionsprogramme der Regierung wie Steuernachlässe und günstige Grundabgaben vereinfachten internationalen Konzernen die Entscheidung eine Zweigstelle oder sogar Produktionslinie in Shenzhen zu eröffnen. Durch die Anbindung an das Südchinesische Meer und den Pazifik über das Perlfluss-Delta ist auch die Möglichkeit des Exportes von Gütern geben.

Heute ist der Hafen von Shenzhen der viert größte Containerhafen der Welt, an dem im Monat ca. 2200 Schiffe anlegen und der an 126 internationale Containerlinien angebunden ist.[7]

---

7 http://www.china-einkauf.biz/page27/files/Shenzhen_Vortrag.pdf   Folie 12   01.04, 16:20

2.1.2 Wirtschaftliche Entwicklung

2.1.2.1 Ausländische Direktinvestitionen

Die wirtschaftliche Entwicklung von Shenzhen war und ist maßgeblich von ausländischen Investitionen abhängig. Während die Summe ausländischer Investitionen 1979 bei lediglich fünf Millionen US$ lag, wuchs diese Summe 1985 auf 180 Mio. US$ und 1992 auf beachtliche 450 Mio. US$. Für das Jahr 2009 wird eine Investitionssumme von 4,16 Milliarden US$ angegeben.[8] Bezogen auf die Investitionen in Shenzhen im Jahr 1979 ist das ein Zuwachs von unvorstellbaren 83100%. Dieser Zuwachs zeigt zugleich auch das enorme Interesse am Standort Shenzhen.

	1986	1990	1991	1992	1993	1994	1995	1996	1997
Hong Kong and Macao	80%	50%	55%	64%	64%	73%	60%	62%	71%
Taiwan	0%	0%	0%	0%	3%	6%	4%	6%	2%
Japan	14%	33%	24%	22%	15%	11%	18%	12%	6%
USA	6%	8%	12%	3%	11%	2%	8%	5%	8%
Others	0%	10%	9%	11%	6%	8%	9%	15%	12%

Herkunft ausländischer Investoren Quelle: SZSYB,

Die Herkunft des Kapitals können der Tabelle entnommen werden. Hierbei ist eine Dominanz der beiden ehm. englischen Kronkolonien Hong Kong und Macao zu erkennen. Dieses Verhalten ist auf die begrenzten Ausdehnungsmöglichkeiten der beiden Städte, sowie die hohen Lebenshaltungs- und Lohnkosten zurück zuführen. Es ist für Investoren günstiger die Standorte ihrer Firmen in die Sonderwirtschaftszone zu verlagern. Günstige Löhne und Subventionen der Regierung geben hier den Ausschlag, sich für das geografisch ebenso vorteilhaft gelegene Shenzhen zu entscheiden.

Weiter Investoren sind die USA und Japan.

2.1.2.2 Infrastruktur

Ein weiterer wichtiger Punkt ist der Ausbau der Infrastruktur. Die alten Dorfstrassen mussten wegen der Spezialisierung auf den Export, der ein gut ausgebautes Straßennetz zu wirtschaftlichen Effizienz benötigt, ersetzt werden.

Die folgende Tabelle verdeutlicht, woher die Gelder für den Ausbau der Infrastruktur stammen. Dabei fällt auf, dass zu Beginn der Ausbauarbeiten große Teile des Kapitals von der Zentralregierung sowie der Stadt Shenzhen selbst aufgebracht werden mussten. Trotzdem kamen 1980 schon 13% des Kapitals für den Ausbau aus ausländischen Kassen. Diese Gewichtung verlagerte sich

---

8 http://www.highbeam.com/doc/1P1-174850223.html 06.04 17:30

zunehmend, sodass die Zentralregierung kein Geld für den Ausbau mehr bereitstellte und die Kosten nun von ausländischen Investitionen sowie von den ansässigen Firmen übernommen werden.

	1980	1981	1982	1983	1984	1985	1986	1987	1988	1989	1990
Central Government	34%	24%	8%	7%	5%	1%	2%	3%	1%	1%	0%
Domestic financial agencies (loans)	0%	6%	12%	33%	37%	40%	19%	14%	17%	16%	12%
Foreign capital	13%	44%	51%	29%	27%	18%	14%	19%	17%	15%	32%
Municipal government (Shenzhen)	16%	8%	12%	10%	9%	14%	17%	18%	13%	11%	14%
Funds of department of province/city (expect of Shenzhen)	32%	11%	9%	9%	8%	10%	15%	16%	12%	12%	1%
Funds of private companies in Shenzhen	5%	7%	8%	8%	10%	14%	26%	15%	31%	26%	26%
Internal corporations	0%	0%	1%	3%	4%	1%	7%	10%	0%	4%	0%
Others	0%	0%	0%	0%	0%	2%	2%	5%	9%	15%	11%

Herkunft der Gelder für den Ausbau der Infrastruktur Quelle: Park, 1997: 72

2.1.3 UMWELT UND SOZIALES

Wenn es um Wirtschaft, Kapitalismus und Gewinnmaximierung geht, hat die Umwelt meist das Nachsehen. Denn Umweltschutz ist teuer und muss von der Regierung, die für das Wohlergehen der Bürger verantwortlich ist, mit Verboten und harten Strafen geahndet werden.

2.1.3.1 ÖKOLOGIE - ÖKONOMIE

Der Fall von grandiosem Wirtschaftswachstum auf Kosten der Umwelt ist in Shenzhen und den anderen Sonderwirtschaftszonen eingetreten. Die Reaktion der Regierung waren Strafgebührentabellen, die ihren Zweck allerdings nicht erfüllen konnten. Folgender Grund ist für das Scheitern dieser Tabellen verantwortlich: Die Strafe für das Ausstoßen von einer Tonne Schwefeldioxid lag 1996 bei 200 Yuan. Die umweltschonende Entsorgen hingegen kostete zwischen 2000 und 3000 Yuan. Die Reaktion der Konzerne ist zwar umwelttechnisch verwerflich, aber wirtschaftlich nachzuvollziehen. Sie bezahlen die Strafe die nur 10% der Kosten für die umweltschonende Entsorgung betragen.[9] Eine Regelung die dem Staat zwar weiter Einkünfte beschert, der Umwelt aber wenig nützt.

---

9 vgl. Betke, 2000, S.339

Zudem kommt ein Problem auf, welches auch deutsche Behörden beschäftig. Solange der direkte Verursacher, der im Endeffekt das Schwefeldioxid in die Luft entweichen lässt, nicht enttarnt wird, kann die Firma nicht belangt werden.

2.1.3.2 STROMVERSORGUNG

Ein weiterer Umweltfaktor ist die Stromgewinnung. Aufgrund der enormen Kohlevorkommen wird chinesischer Strom zu 75% aus Kohlekraftwerken gewonnen.[10] Die aufstrebenden Städte und ihre Fabriken beanspruchen immer größere Teile des Stroms, was dazu führt, dass immer mehr Kohlekraftwerke zu einer starken Luftverschmutzung führen.

Zwar wird in letzter Zeit stark in erneuerbare Energien investiert, wie zum Beispiel Windkrafträder, Solar-Anlagen oder Wasserkraftwerke.[11] Allerdings ist der Anteil der Kohlekraftwerke weiterhin groß.

2.1.3.3 BEVÖLKERUNGSENTWICKLUNG

Das einst kleine Dorf Shenzhen hat sich in weniger als 30 Jahren zu einer modernen Metropole entwickelt. Aktuell leben geschätzt 7 Millionen Einwohner in der Stadt. Darunter 2,9 Millionen Wanderarbeiter.[12] In China wird zwischen zwei Arten von Einwohner unterschieden. Die Einwohner mit Aufenthaltsgenehmigung dürfen die Stadt ohne Einschränkung bewohnen und haben Zugang zu öffentlichen Gebäuden. Temporäre Einwohner hingegen haben eine feste Aufenthaltsdauer (max. 15 Jahre). Danach müssen sie die Stadt verlassen. Die Absicht hinter dieser Regelung ist der Austausch von Fachwissen. Da Personen mit temporärem Wohnsitz die Stadt nach einem bestimmten Zeitraum verlassen müssen kehren sie auf das Land zurück, wo sie ihr erlerntes Wissen einsetzen und weiterreichen können. Damit versucht die Zentralregierung erste wirtschaftliche Entwicklungen in ländlichen Gebieten zu fördern.[13]

Die temporären Einwohner machen in Shenzhen etwas weniger als die Hälfte der Gesamtbevölkerung aus. Das ist darauf zurück zuführen, dass viele Ausländer oder temporäre Einwohner vom Land in die Stadt ziehen um zu arbeiten.

---

10 vgl. Taube/Gälli, 1999, S.250

11 http://www.prcenter.de/Erneuerbare-Energien-China-2010-Windenergiemesse-in-Shanghai-27-29-April-2010-zielt-Marktfuehrerschaft-an.72650.html 06.04 21:10

12 http://www.china-bridge.org/shenzhen.htm

13 vgl. Heilmann, 2000: 92)

2.2.1 SONDERWIRTSCHAFTSZONEN

Shenzhen ist nicht die einzige Stadt, die als Sonderwirtschaftszone deklariert wurde. Neben Shenzhen haben noch die Städte Zhuhai und Shantou in der Provinz Guangdong selbige Rechte. Dazu kommt die Stadt Xiamen in der Provinz Fujian, sowie die gesamte Provinz Hainan. Zusammen haben alle Gebiete mit den genannten Rechten eine Ausdehnung von mehr als 40'000 km².

Die Sonderwirtschaftszonen und die beiden Sonderverwaltungszonen Hong Kong und Macao liegen allesamt im Südosten Chinas (Grafik[14]). Die Gründe wurden in meiner Facharbeit bereits erläutert.

Quelle: Wikipedia: siehe Fußnote 14

---

14 http://de.wikipedia.org/w/index.php?title=Datei:PR_China-SAR_%26_SEZ-German.png&filetimestamp=20060504031203 06.04 23:30

Die Regierung beschloss im Jahr 1984, die Öffnungspolitik zu erweitern, da die Errichtung der Sonderwirtschaftszonen zu sehr positiven Erfahrungen geführt hatten. Es wurden 14 Städte ausgewählt, die im Gegensatz zu den Sonderwirtschaftszonen bereits wirtschaftlich entwickelt waren. Das Hauptaugenmerk liegt hier auf dem Hinterland. Durch die Öffnung der Küstenstädte, sollten gezielt unterentwickelte Gemeinden im Einzugsgebiet der großen Städte gefördert werden.

Diese Küstenstädte hatten einen ähnlichen Anreiz auf ausländische Investoren wie die Sonderwirtschaftszonen. Obwohl sie dem Staatsrat der Volksrepublik unterlagen, war es dennoch möglich - in gewissem Maße - eigene Bestimmungen zu erlassen.[15]

Diese 14 Städte sind:

1. Qinhuangdao
2. Tianjin
3. Dalian
4. Yantain
5. Shandong
6. Lianyungang
7. Nantong
8. Shanghai
9. Xingbao
10. Wenzhou
11. Fuzhou
12. Guangzhou
13. Zhanjiang
14. Beihai

Quelle: Cheng, 2005: S.37

---

15 vgl. Cheng, 2005: S.36-39

2.3 EINFLUSS AUF DIE ENTWICKLUNG CHINAS

2.3.1 WIRTSCHAFTLICHE ASPEKTE

China hat es den Sonderwirtschaftszonen zu verdanken, dass es heute die viert größte Volkswirtschaft der Welt ist. Dazu Exportweltmeister mit grandiosen Wachstumsraten und ein unverzichtbarer Handelspartner für die westliche Welt. Das Land strebt alten Zeiten entgegen, wo der Reichtum des damaligen Kaiserreiches sowie die Vormachtstellung in jeglicher Hinsicht die Welt prägte.

2.3.2 URBANE ASPEKTE

Auf der einen Seite kann die Bevölkerung einen starken Anstieg des Pro-Kopf Einkommens verzeichnen. Außerdem wurden Lebensstandard und Bildung in den Städten exorbitant verbessert.

Auf der anderen Seite stehen die Dörfer und kleinen Gemeinden im Hinterland. Dort sind eine schlechte Infrastruktur, miserables Gesundheitswesen, vernachlässigte Bildung und Menschen ohne Zukunft anzutreffen. Die daraus resultierende Landflucht ist eines der großen Probleme, die es zu lösen gilt. Die Lösung des Problems sollte an den genannten negativen Aspekten ansetzen.

Aber auch in den Städten sind längst nicht alle Einwohner zufrieden. Starke Einkommensunterschiede und das Nichtvorhandensein von Gewerkschaften sorgen für großen Unmut unter den Arbeitern.

2.3.3 UMWELT

Diesen Aspekt habe ich bereits in Punkt 2.1.3 bearbeitet.

Zusammenfassend ist zu sagen, dass die Umwelt unter der wirtschaftlichen Entwicklungen leiden muss, da Umweltschutz keinen unternehmerischen Sinn ergibt. Die Einführung von Schadstoff-Filtern für Luft (Kohlekraftwerke) und Wasser (Chemiewerke) können nur unter Strafe durch die Regierung erzwungen werden.

3. Zusammenfassung und Fazit

Die Stadt Shenzhen ist ein gutes Beispiel, um zu zeigen, dass Kapitalismus an jedem Ort der Welt möglich ist. Es ist der Verdienst des Kapitalismus, dass China heute die wirtschaftliche Stellung besitzt, wie es zu Hochzeiten den Kaiserreiches der Fall war.

Die Politik, besonders der Reformer Deng Xiaoping, hat nur die Weichen für eine solche Entwicklung gestellt. Den größten Teil haben Unternehmen und Weltkonzerne, die sich in Shenzhen niedergelassen haben, geleistet. Sie haben das Potential der Region erkannt, an der Seite von Hong Kong eine zweite Hochburg des Handels zu eröffnen. Es war alles Vorhanden: Grundstücke zu günstigen Preisen, um Produktionslinien zu errichten, günstige Arbeitskräfte, die den niedrigeren Lebenshaltungskosten entsprechend geringer entlohnt werden können, sowie die Anbindung an Infrastrukturelle Knotenpunkten, wie den Strassen und Häfen und damit über das Meer in die ganze Welt.

Es ist eine Erfolgsgeschichte, aufgebaut auf den Ideen eines grandiosen Politikers, vieler fleißiger Menschen und nicht zuletzt auf dem Scharfsinn der Konzernspitzen, die in Shenzhen schon vor 30 Jahren das sahen, was heute Realität ist.

Doch jede Erfolgsgeschichte hat auch Schattenseiten. Die im Jahr 2010 öffentlich bekannt gewordenen Arbeitsbedingung, die mehrere junge Menschen in den Suizid trieben, sind nur ein Beispiel der Skrupellosigkeit der Unternehmer. Die Firma Foxconn ist ein weltweit agierender Konzern, der sich auf die Fertigung von Elektronik- und Computertechnik spezialisiert hat. Eine von mehreren Produktionsstätten befindet sich in Shenzhen. Ebenda haben sich nach offiziellen Angaben der Firma im letzten Jahr 10 Menschen das Leben genommen und 3 weitere einen Selbstmordversuch begangen.[16]

Zu den teilweise menschenunwürdigen Arbeitsbedingungen kommen noch die bereits thematisierten Umweltprobleme.

---

16 http://www.stern.de/wirtschaft/news/reaktion-auf-selbstmordserie-foxconn-verdoppelt-die-loehne-1572109.html, 04.04, 23:40

Zusammengefasst ist zu sagen, dass es keine Lösung für einen Staat gibt, die Wirtschaft in kurzer Zeit so stark aufzubauen, ohne das dabei entweder die Arbeiter oder die Umwelt darunter leiden. Nicht selten kommen beide genannten Faktoren zusammen.

Hier ist es die Aufgabe der Regierung, abzuwägen und zu entscheiden, wie die Vorgehensweise lauten soll. Die Zentralregierung in China hat meines Erachtens vieles richtig gemacht. Durch die Sonderwirtschaftszonen konnte sich das Land aus der Isoliertheit befreien und sich aufraffen, nachdem es wirtschaftlich unter Mao in ein äußerst prekäre Lage geraten ist.

Was oft vergessen wird, wenn es um das in der Presse teilweise geradezu verteufelte China geht, ist, dass die westliche Welt und gerade Deutschland nicht auf dem heutigen wirtschaftlichen Stand wären und vor allem den allgemeinen Wohlstand, wie wir ihn kennen, nie in so kurzer Zeit erreicht hätte, wenn Deutschland als Exportmeister in China keinen reißenden Absatzmarkt für seine Maschinen aller Art und auch für sein Fachwissen und die Erfahrung gefunden hätte. Im Krisenjahr 2009 führten deutsche Unternehmen Waren im Wert von 36,5 Milliarden nach China aus.[17]

Zudem profitiert Deutschland nicht nur von den Exporten sondern auch von den Importen aus China. Im Jahr 2007 vor der Krise importierte Deutschland Waren im Wert von insgesamt 54,6 Milliarden Euro aus dem Reich der Mitte.[18]

3.1 Eine Option für isolierte Staaten?

Grundsätzlich ist eine Sonderwirtschaftszone für das entsprechende Gebiet ein wichtiger Schritt in die richtige Richtung. Allerdings kann man aus den Entwicklungen in China keinen Master Plan erstellen, wie eine funktionierende Handelszone betrieben werden muss. Es kommt vor allem auf den Standort selber an.

Der wichtigste Punkt ist die Infrastrukturelle Anbindung an die Außenwelt. Die Geschichte und auch die heutige Zeit zeigen, dass sich die größten Städte immer an Flüssen oder Meeren gegründet haben, weil dort am besten Handel betrieben werden kann.

---

16 http://www.spiegel.de/wirtschaft/soziales/0,1518,684960,00.html, 04.04 23:40

17 http://www.destatis.de/jetspeed/portal/cms/Sites/destatis/Internet/DE/Presse/pm/2008/05/PD08__180__51,templateId=renderPrint.psml, 05.04, 17:20

Ein weiterer Punkt ist das Potential an Arbeitskräften. Das wichtigste hierbei ist die Bildung und Ausbildung der Menschen. Ungebildete Menschen sind für Unternehmen schwer bis überhaupt nicht nutzbar, da ihre Arbeiten meistens durch die Automatisation der Anlagen übernommen werden.

Zuletzt sind die Subventionen und Zuschüsse, die die Regierung bewilligt, entscheidend. Wenn an einem Standort A oder an einem Standort B eine Fabrik errichtet werden kann, wird sich das Unternehmen für den Standort entscheiden, an dem die geringsten Kosten entstehen.

Dies sind nur einige von vielen Kriterien, die ein Standort erfüllen muss, um Konzerne und damit ausländisches Kapital in das Land zu holen. Deshalb kann keine allgemein gültige Aussage getroffen werden, sondern es muss jeder Fall nach bestimmten Kriterien einzeln geprüft werden.

3.2 FAZIT

Ich habe in dieser Facharbeit die Sonderwirtschaftszonen in China umfassend dargestellt und die Folgen einer solchen Politik anhand eines konkreten Beispiels erläutert.

Ich habe erkannt, dass dieses System nicht perfekt ist. Allerdings bedeutete es für China den Durchbruch in der wirtschaftlichen Entwicklung. Die Welt, wie wir sie heute kennen, gäbe es nicht, wenn Deng Xiaoping das Land in den 1980er Jahren nicht so grundlegend reformiert hätte. Eine beachtliche Leistung, die ihn damit zurecht als einen der einflussreichsten Persönlichkeit in die Geschichte des 20. Jahrhunderts eingehen lässt.

Allerdings wird die aktuelle Regierung noch mit sehr vielen Problemen konfrontiert werden. Dazu zählen die Einkommensunterschiede zwischen Stadt- und Landbevölkerung, die eingeschränkte Pressefreiheit und das politische System im allgemeinen.

Diese und andere Aspekte bergen ein großes Konfliktpotential und könnten die Volksrepublik China in eine tiefe Krise stürzen, falls es nicht zu einer Liberalisierung der politischen Lage kommt.

Das Thema China wird uns auch in den nächsten Jahrzehnten begleiten und darüber hinaus möglicherweise ebenfalls zu Veränderungen in der westlichen Welt führen.

4. Anhang

BIBLIOGRAPHIE

Betke, D., „Umweltkrise und Umweltpolitik", in: Herrmann-Pillath, C.; Lackner, M., „Länderbericht China - Politik, Wirtschaft und Gesellschaft im chinesischen Kulturraum", Bonn, 2000

Heilmann, S., „Das politische System", in: Staiger, B., „Länderbericht China - Geschichte, Politik, Wirtschaft, Gesellschaft, Kultur", Darmstadt, 2000

Schryen, R., „Hong Kong und Shenzhen - Entwicklungen, Verflechtung und Abhängigkeit", Hamburg, 1992

Taube, M.; Gälli, A., „Chinas Wirtschaft im Wandel - aktuelle Aspekte und Probleme", München, 1997

Cheng, L., „Die Bedeutung des WTO-Beitritts für die wirtschaftliche Entwicklung Chinas", Wiesbaden, 2005

Unbekannt: „Vier Modernisierungen", 27.01.2011[http://de.wikipedia.org/wiki/Vier_Modernisierungen, 06.04, 15:40]

Tomik, S.: „Chinas Aufstieg zur Wirtschaftsmacht",
[http://www.faz.net/s/RubA1C5F597E6D64A419DBA86E14D99D0D3/Doc~E36EF9FD30D1A4125A1D4D329863A4E65~A Tpl~Ecommon~SMed.html, 20.03, 22:40]

Weerth, Dr.: „Sonderwirtschaftszone", [http://wirtschaftslexikon.gabler.de/Archiv/9993/sonderwirtschaftszone-v6.html, 23.03, 16:50]

Unbekannt: „Sonderwirtschaftszone", [http://www.uni-protokolle.de/Lexikon/Sonderwirtschaftszone.html, 23.03, 16:20]

Unbekannt: „Shenzhen - die modernste und dynamischste Stadt der Welt", [http://www.china-bridge.org/shenzhen.htm, 30.03, 19:30]

Zhang, Y.: „Shenzhen - Stadt der Innovationen", [http://www.china-einkauf.biz/page27/files/Shenzhen_Vortrag.pdf, 01.04, 16:20]

AsiaInfo Services: „Shenzhen's FDI up 117%", 08.01.2010, [http://www.highbeam.com/doc/1P1-174850223.html, 06.04, 17:30]

Unbekannt: „Erneuerbare Energien China 2010: Windenergiemesse in Shanghai (27.-29. April 2010) zielt Marktführerschaft an",
[http://www.prcenter.de/Erneuerbare-Energien-China-2010-Windenergiemesse-in-Shanghai-27-29-April-2010-zielt-Marktfuehrerschaft-an.72650.html, 06.04, 21:10]

Unbekannt: „Reaktion auf Selbstmordserie: Foxconn verdoppelt die Löhne", 07.06.2010,
[http://www.stern.de/wirtschaft/news/reaktion-auf-selbstmordserie-foxconn-verdoppelt-die-loehne-1572109.html, 04.04, 23:40]

Unbekannt: „Außenhandel: Deutsche Exporte nach China boomen trotz Krise", 22.03.2010,
[http://www.spiegel.de/wirtschaft/soziales/0,1518,684960,00.html, 04.04, 23:40]

Unbekannt: „Deutsche Importe aus China seit dem Jahr 2000 stark gestiegen", 14.05.2008,
[http://www.destatis.de/jetspeed/portal/cms/Sites/destatis/Internet/DE/Presse/pm/2008/05/PD08__180__51,templateId=renderPrint.psml, 05.04, 17:20]

DREI SCHRITTE THEORIE

Die „Drei Schritte Theorie" von Deng Xiaoping besagte folgendes: „Von 1980 bis 1990 sollte dich das Bruttoinlandsprodukt verdoppeln und damit die Nahrungs- und Kleidungsprobleme der Bevölkerung behoben werden. Von 1990 bis 2000 sollte sich das Bruttoinlandsprodukt noch einmal verdoppeln und damit bescheidener Wohlstand für die Bevölkerung erreicht werden. In den nächsten 50 Jahren sollte dann der Anschluss an die gemäßigt entwickelten Länder erreicht werden"[19]

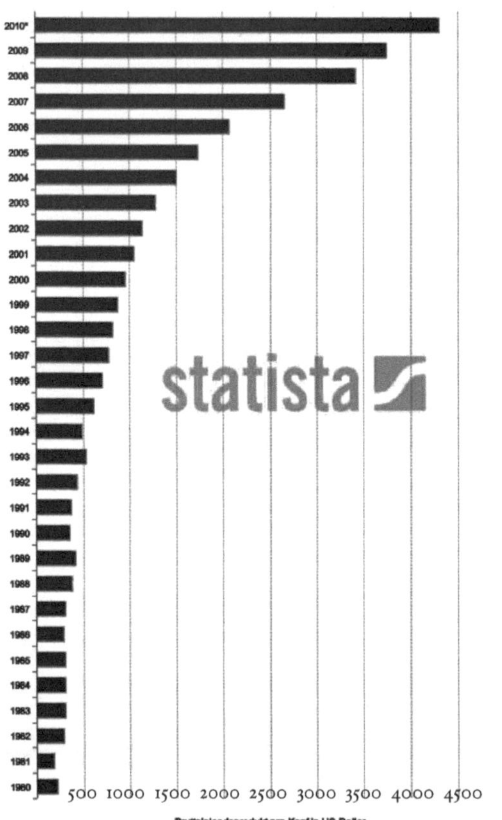

Die Entwicklung des Bruttoinlandsproduktes pro Kopf zeigt, dass die „Drei Schritte Theorie" von Deng Xiaoping die richtigen Ereignisse vorhergesagt hat.

Der Graph verdeutlicht die angestrebten Verdopplungen zwischen 1980 und 1990, sowie zwischen 1990 und 2000.

Außerdem zeigt der Graph, dass sich zwischen 2000 und 2010 das BIP pro Kopf nochmals mehr als verdoppelt hat.

18 http://de.wikipedia.org/wiki/Deng_Xiaoping (übersetzt von http://www.chinaconsulate.khb.ru/rus/zgzt/xwbd/t162616.htm) 06.04, 15:20
Statistik: http://de.statista.com/statistik/daten/studie/19407/umfrage/bruttoinlandsprodukt-pro-kopf-in-china/ 06.04 16:30